BRIDE
MAKEUP
HAIRSTYLE
TUTORIAL

新娘
妆容发型
设计指南

梦童◎编著

人民邮电出版社
北京

图书在版编目（ＣＩＰ）数据

新娘妆容发型设计指南 / 梦童编著. -- 北京 ：人
民邮电出版社，2018.10
ISBN 978-7-115-49175-6

Ⅰ.①新… Ⅱ.①梦… Ⅲ.①女性－化妆－造型设计
－指南②女性－发型－造型设计－指南 Ⅳ.
①TS974.1-62②TS974.21-62

中国版本图书馆CIP数据核字(2018)第192140号

内 容 提 要

　　这是一本新娘妆容发型的实用教程，全书包括"基础造型技法演示"和"妆容造型案例解析"两部分："基础造型
技法演示"中有 10 个造型常用技法的详细介绍，并且每种技法都附带视频教学；"妆容造型案例解析"分为 14 种风格，
每种风格包括一个妆容案例和三个发型案例，同时有相应的作品欣赏。

　　书中的作品紧随时尚潮流，均为婚纱照拍摄、婚礼中常用的新娘妆容造型。书中的案例分解详细，步骤图片清晰，
并且穿插了大量提示文字，可以让读者举一反三，将学到的技法运用到实际的操作中。

　　本书适合新娘化妆造型师阅读，同时可供相关培训机构作为教材使用。

◆ 编　著　梦　童
　　责任编辑　赵　迟
　　责任印制　陈　犇

◆ 人民邮电出版社出版发行　　北京市丰台区成寿寺路 11 号
　　邮编　100164　电子邮件　315@ptpress.com.cn
　　网址　http://www.ptpress.com.cn
　　北京盛通印刷股份有限公司印刷

◆ 开本：889×1194　1/16
　　印张：16
　　字数：568 千字　　　　　　　　　2018 年 10 月第 1 版
　　印数：1－3 000 册　　　　　　　 2018 年 10 月北京第 1 次印刷

定价：128.00 元
读者服务热线：(010)81055410　印装质量热线：(010)81055316
反盗版热线：(010)81055315
广告经营许可证：京东工商广登字 20170147 号

前言

作为一名 90 后造型师，有机会接到写书的邀请，对我来说是一种荣幸。

在这个行业里，有众多资历较深的前辈需要我去学习，我也读过许多优秀造型师的书籍。我在翻阅那些书籍时，常常会想自己是否有一天也能够写书。我想，这一定是一件非常严谨的事情。所以，当我真正接到写书邀请的那一刻，我有些不确定自己是否能够胜任这份工作。化妆造型这一行业，本就需要分享，能有这样的机会与他人分享，并将自己积累的经验传递出去，这一定是一件值得去做的事情，所以我一直是以"不放过自己"的严谨态度来完成这本书的。

写书的过程无疑是非常复杂的，其中更多的是对自己的积累和与自己内心的交流。每一根睫毛，每一根发丝，每一个小小的细节都需要考虑到。同时，在整体造型"美"的基础上，又要考虑实用性。因此在本书中，我结合了实用手法和时尚理念，并介绍了一些基础的技法，以保证各个阶段的造型师都能从书中找到自己需要的知识。本书按照主题展开，每个主题配有一款妆容，并搭配三款造型，希望读者在阅读本书后能够有所收获。

2017 年对我来说是尝试的一年。尝试做自己的工作室，尝试接受不同的人际关系，尝试写书……希望自己找到新的状态之后，能够学会慢下来。我到现在都还记得，当完成本书所有拍摄时，就像是获得了"重生"一样。这让我对自己深爱的行业又有了新的认知和态度。这本书也带给我很多，它不仅是对我多年工作的总结，更是我之后发展路上的新起点。

一本书的完成需要太多的力量。感谢摄影师志鹏一直以来对我的帮助和鼓励，并且帮我拍摄了书中所有的案例图片；感谢后期老师林震、静平；感谢一直陪伴我完成书中大量工作的小伙伴小雪、东东、涛涛；感谢饰品老师 Lily。感谢你们每一位对这本书的付出。感谢人民邮电出版社提供分享平台。与你们相遇，很幸运！

梦童

资源下载说明

　　本书"Chapter 01基础造型技法演示"附带10个教学视频，扫描标题下方的二维码，即可在线观看视频。您也可以扫描"资源下载"二维码，关注我们的微信公众号，即可获得视频文件的下载方式。资源下载过程中如有疑问，可发送邮件至szys@ptpress.com.cn，我们将尽力为您解答。

资 源 下 载
扫 描 二 维 码
下载本书配套资源

目录

Chapter 01

Chapter 02

妆 容 造 型 案 例 解 析

05 欧式轻奢复古新娘妆容造型 / 102

105

108

112

06 法式优雅新娘妆容造型 / 120

122

125

128

07 浪漫鲜花新娘妆容造型 / 136

138

140

143

08 轻盈灵动新娘妆容造型 / 152

154

156

158

09 梦幻甜美新娘妆容造型 / 170

172

175

178

10 高贵大气新娘妆容造型 / 182

185

188

192

11 洛可可新娘妆容造型 / 202

204

207

210

12 韩式简约新娘妆容造型 / 222

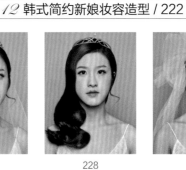
225

228

230

13 日系萝莉新娘妆容造型 / 234

237

240

242

14 中式婉约新娘妆容造型 / 246

248

251

254

Chapter 01
基础造型技法演示

包发技法

包发技法是新娘造型中运用得最多的技法。包发前，需要依靠倒梳让发量增多，倒梳是包发的关键，不可忽视。具体操作方法是将头发分成一片片的发片，依次倒梳到根部，然后借助手的拧转做出发包状。包发的位置不是固定的，可以根据造型风格及模特脸形改变发包的位置。

扫描二维码
观看视频 ▶

STEP 01

选取顶区的头发，可适当多取一些头发。

STEP 02

将顶区的头发留出备用，将侧区的头发和后区的头发相结合。

STEP 03

将头发在枕骨处缩成低发髻。

STEP 04

将顶区的头发分成发片并依次倒梳，注意一定要倒梳到头发的根部。

STEP 05

将倒梳之后的头发做成发包，将发包根部握在手心。

STEP 06

利用拧包技法扭转剩余的头发并将其固定，注意发包的饱满度。

STEP 07

将剩余的发尾固定在发包下方，并喷发胶定型。

STEP 08

包发造型完成。

单包技法

单包技法是造型中最基础的技法，也是有助于快速完成造型的一种技法。单包的要点在于"紧"，因此在扭转头发的时候一定要用一只手用力向上提拉头发。如果模特头发较少，在做单包之前要先进行倒梳。

扫描二维码
观看视频 ▶

STEP 01

选择 25 号电卷棒横向烫发，将烫好的头发用气垫梳梳开。

STEP 02

涂抹柔亮产品后，将头发分为前后两区。

STEP 03

将后区所有头发向右梳理并握在手中，注意头发的干净程度。

STEP 04

借助手和尖尾梳将头发向内旋转并向上提拉，注意造型不可太松。

STEP 05

将拧好的头发用发卡斜向上固定，用另一只手提拉头发。

STEP 06

将剩余的发尾围绕在单包旁，然后将其固定。

STEP 07

将前侧区的头发三七分，根据发量适当进行倒梳。

STEP 08

将倒梳后的头发梳理干净，注意挡住前后区的分界线。将头发在耳朵上方用尖尾梳压出弧度。

拧包技法

拧包技法是新娘造型中最实用的技法。拧包的重点在于对发包轮廓的把握。拧出来的形状不可太尖、太大、太宽，而应该是一个饱满的椭圆形。倒梳也是做好拧包的关键。

扫描二维码
观看视频▶

STEP 09

将发尾固定在单包下方。

STEP 10

将剩余的发尾交叉固定，并喷发胶定型。单包造型完成。

STEP 01

取出顶区的头发。

STEP 02

将顶区的头发分成发片，依次倒梳到根部。

STEP 03

将倒梳之后的头发握在手心。

STEP 04

将倒梳好的头发利用拧包技法做成发包状，位置不可太低。

STEP 05

将做发包后剩余的发尾梳理干净，打卷后固定在发包下方。

STEP 06

在发包的左侧选取发片，并适当倒梳。

STEP 07

将倒梳之后的头发向右向内卷，
和刚做好的发包相连接。

STEP 08

将剩余的发尾依次做连环卷，然
后固定在上一个发卷下方。

STEP 09

在发包右侧同样选取发片，向左
向内卷并固定。

STEP 10

将剩余的发尾依次做连环卷，向
上方固定。

STEP 11

将右侧区剩余的头发向耳后打卷
后固定。

STEP 12

将侧区的碎发用鸭嘴夹暂时固定，
再将剩余的头发依次围绕在发包
下方，固定后喷发胶定型。

卷筒技法

卷筒技法是一种"偏难"的造型技法，很多造型师在做卷筒的时候不知道该如何摆放。其实卷筒的摆放位置并没有固定的要求，只要做出的造型饱满即可。做卷筒要保证头发表面干净，所以在做卷筒时一定离不开发蜡棒，处理每一片头发时都需要用发蜡棒涂抹。

扫描二维码
观看视频 ▶

STEP 01

从耳尖处将头发分为上下两部分。

STEP 02

将上半部分的头发梳理干净后用皮圈固定。

STEP 03

从马尾中竖向取发片，从右侧开始取。将发片向内卷并固定在上下两部分头发的交界处。

STEP 04

将剩余的发尾做连环卷，固定在刚做的卷筒下方。

STEP 05

选取马尾中间的发片，向下、向内卷并固定。

STEP 06

将剩余的发尾做连环卷，与右侧的卷筒连接好。

STEP 07

将马尾左侧的发片依次向右打卷，然后固定。

STEP 08

将下半部分的头发分为左右两份，分别编三股辫。

上翻卷技法

上翻卷技法是卷筒技法中的一种。操作方法是用手将发片向上翻卷，要保证每个卷都做成空心卷。每个卷筒之间可稍微留出空隙。在模特发量多的情况下，分出的发片也可以多一些。要注意卷筒表面的光滑度。

扫描二维码
观看视频▶

STEP 09

将编好的发辫向上交叉围绕在卷筒造型的边缘并固定。

STEP 10

卷筒造型完成。

STEP 01

将刘海区的头发三七分（左三右七），将右侧的头发用尖尾梳向额前推送，然后用鸭嘴夹固定。

STEP 02

将剩余的发尾依次做连环卷，水平地向后固定。

STEP 03

在耳后横向选取发片，向上打卷并固定。

STEP 04

依次按照同样的手法上下交错固定发片，可用鸭嘴夹固定卷筒边缘的头发。

STEP 05

将左侧的头发向上打卷，与右侧的发片横向结合。

STEP 06

将剩余的头发梳理干净，然后扎成马尾。

STEP 07

将马尾分片做成空心卷，向上固定。

STEP 08

将剩余的发尾交叉固定在造型空缺处。

两股交叉技法

两股交叉技法就是选择两股头发，运用交叉打结的手法来完成造型。尽可能均匀地选择发片，每交叉一次，都要将头发表面抽蓬松。造型的位置可以灵活改变，但要注意枕骨处的形状不可太宽。可在造型的空隙处点缀少量鲜花饰品。

扫描二维码
观看视频▶

STEP 01

选取顶区的头发。

STEP 02

将头发用皮圈扎成马尾，在皮圈上方的头发中间分开一个空隙。

STEP 03

将马尾从上方穿过空隙，从下方掏出。抽松皮圈上方的头发，注意遮挡头发的空隙。

STEP 04

同时选择左右侧区的头发，注意发量要均匀。

STEP 05

将左右两侧的头发交叉打结。

STEP 06

将剩余的发尾固定在发髻下方。

STEP 07

按照同样的手法向下操作，依次取左右两侧的头发，交叉打结。

STEP 08

将交叉打结之后的头发再次在头发后方交叉。

STEP 09

将最后剩余的头发分为两束。

STEP 10

将两束头发交叉打结，一上一下固定头发。

STEP 11

两股交叉造型完成。

抽丝技法

抽丝技法的运用极为广泛，它往往和编发、两股拧绳等技法结合使用。在抽发丝的时候，经常会遇到一下子抽得太多、抽出来的发丝太乱等问题。所以在做抽丝造型的时候，一定要先将基础造型做好，再用指尖抽出适量发丝。发丝的走向可以一前一后、一左一右，不可太规矩、太整齐。

扫描二维码
观看视频 ▶

STEP 01

从右侧区开始选取头发。

STEP 02

将右侧区的头发进行三加二编发。

STEP 03

将编好的头发抽出发丝,让发辫
更蓬松。

STEP 04

左侧区的头发以同样的手法处理。
将左右两侧编好的发辫交叉固定
在后区。

STEP 05

将顶区的头发一上一下抽出发丝,
并喷少量发胶定型。

STEP 06

从后区剩余的头发中取出一束,
进行两股拧绳。

STEP 07

将拧绳之后的头发固定在右侧,
再从右侧取出一束头发,进行两
股拧绳,向左侧交叉固定。

STEP 08

将后区剩余的所有头发分成两部
分,进行两股拧绳。

STEP 09

将两股拧绳打8字后固定在造型下方，将每束头发抽蓬松。

STEP 10

抽丝造型完成。

两股拧绳技法 1

两股拧绳技法的关键在于每束头发都要发量一致，并且要注意每束头发之间的连接，不能有空隙。找好中心点后，使所有的发束都向中心点靠拢即可。两股拧绳也可以和打8字的手法结合使用。

扫描二维码
观看视频▶

STEP 01

横向分发片，用22号电卷棒进行
烫发。

STEP 02

从顶区横向选取一片头发。

STEP 03

将发片进行两股拧绳，然后抽松
头发的边缘。

STEP 04

将抽松之后的拧绳打成8字形，
固定在顶区位置，做成发髻。

STEP 05

斜向选取右侧的发片，将其进行
两股拧绳后缠绕在发髻处。

STEP 06

依次斜向在下方选取发片并进行
两股拧绳，使其与发髻相结合。

STEP 07

按照同样的手法依次操作，注意每次都要斜向选取发片。

STEP 08

将拧绳向左固定在发髻下方。

STEP 09

将左侧的头发以同样的方法向右固定。

STEP 10

将剩余的头发按照同样的方法操作，一左一右交叉固定。

STEP 11

将左侧剩余的头发进行两股拧绳后向右固定，要注意整体造型的饱满度。

STEP 12

拧绳造型完成。

两股拧绳技法 2

两股拧绳是一种非常便捷的技法。本案例选取了同发量的发片进行两股拧绳，然后在拧绳的基础上抽松头发表面。

扫描二维码
观看视频 ▶

STEP 01

取出顶区的头发，将头发向上拧包并固定。

STEP 02

在刚做好的发包表面进行抽丝，喷少量发胶。

STEP 03

将剩余的发尾进行两股拧绳。

STEP 04

将两股拧绳抽蓬松后固定在发包下方，作为中心点。

STEP 05

取出侧区的头发，进行两股拧绳。

STEP 06

将拧绳围绕中心点固定并抽蓬松。

STEP 07

将侧区剩余的头发用同样的手法进行两股拧绳并固定。

STEP 08

将后区的头发分成两束。

STEP 09

将后区的头发进行两股拧绳，围绕中心点缠绕并固定。

STEP 10

两股拧绳造型完成。

手推波纹技法

手推波纹技法是复古风格的造型中最为经典的技法，而手推波纹造型也是最能修饰脸形的造型之一。在为亚洲人做手推波纹时，一般会做两个波纹，最多三个。在正常情况下，波纹一定要遮盖住发际线和额角。注意第一个波纹不能小于第二个波纹。

扫描二维码
观看视频▶

STEP 01

根据发量多少选取头发，只选择刘海区的头发做手推波纹。

STEP 02

用发蜡棒抚平毛糙的头发并将其梳理干净，然后用鸭嘴夹固定。

STEP 03

借助手和尖尾梳将固定后剩余的头发向前推出一个波纹，并用鸭嘴夹固定。

STEP 04

用尖尾梳将固定后剩余的头发向斜上方推送，并用鸭嘴夹固定。

STEP 05

用同样的方法再向前推出第二个波纹，注意波纹的干净程度。用鸭嘴夹固定并喷发胶。

STEP 06

将剩余的发尾打卷，然后向斜后方固定。

STEP 07

将后区所有头发梳理干净，扎成低马尾。

STEP 08

在马尾右侧选取一束头发。

STEP 09

用尖尾梳向波纹方向带动头发，用鸭嘴夹固定。

STEP 10

将剩余的发尾向左卷并固定。

STEP 11

继续从马尾中取出一束头发，固定于耳后，将发尾再向左交叉并固定。

STEP 12

继续从马尾中取出一束头发，将发束朝顶区方向打卷，用鸭嘴夹固定，将发尾向下交叉并固定。

STEP 13

按照同样的手法在顶区再固定一束发片。

STEP 14

将剩余的头发向内卷。

STEP 15

将剩余的发尾依次打卷后固定在空隙处。每束头发都要用发蜡棒涂抹，注意发片之间的连接。

STEP 16

手推波纹造型完成。

Chapter 02
妆容造型案例解析

01

短发俏皮新娘妆容造型

现在短发新娘越来越多，对造型师来说，为短发新娘做造型往往会有一定的局限性。其实只要运用好技法，短发造型也能变化出不同形式。此组造型运用两股拧绳的技法来强调纹理感，搭配暖橘色系的妆容来凸显主题风格，营造出活泼、俏皮的感觉。

• 产品介绍 •

提亮液：MAC

粉底液：RMK101

定妆粉：植村秀 colorless

遮瑕膏：KP 双色，好莱坞的秘密 2 号

染眉膏：KISSME 5 号

眼影：日月晶采 1 号，NARS MEDITERANEE

腮红：植村秀橘色

假睫毛：梦童老师自创品牌

睫毛定型液：娇韵诗

睫毛膏：悦诗风吟，恋爱魔镜

眉笔：植村秀 03、07

口红：阿玛尼 301

睫毛胶水：ARDELL 黑胶

• 妆容步骤 •

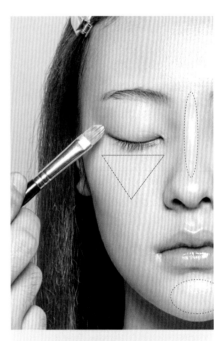

STEP 01

模特有黑眼圈，嘴角周围与面部肤色也不统一，先用 KP 双色遮瑕膏统一肤色。

STEP 02

选择和模特肤色相近的粉底色号，进行打底。

STEP 03

在好莱坞的秘密遮瑕膏中选择比粉底亮一号的色号，在眼睛下方、鼻梁处和下巴处进行提亮。

STEP 04

选择橘色系微珠光眼影晕染上眼睑。

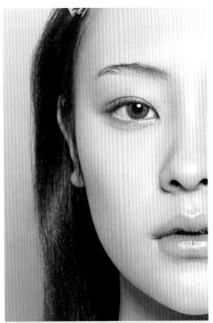

STEP 05

扫除睫毛上的余粉后，边夹翘睫毛边用睫毛梳梳理。

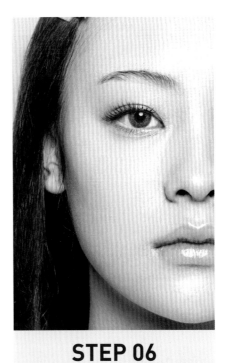

STEP 06

将分段式假睫毛单簇粘贴在睫毛根部，注意真假睫毛结合要自然。

STEP 07

模特原本有文眉，在此基础上改变眉毛的形状。

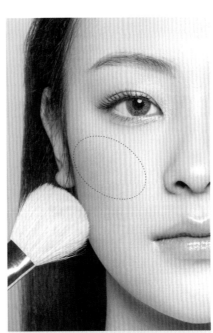

STEP 08

选择和眼影同色系的腮红，在脸颊处进行晕染。

STEP 09

用珠光质地的唇釉打造唇形。

STEP 01

用 22 号电卷棒烫发后，用气垫梳梳理头发。

STEP 02

涂抹少量柔亮产品，让头发更有光泽。

STEP 03

分出前区的头发，然后将前区的头发以 Z 字形分区。

STEP 04

取出顶区的头发，剩下头发备用。

STEP 05

将顶区的头发斜向分成两束发片。

STEP 06

进行两股拧绳，在拧绳的表面抽出纹理并固定。

STEP 07

将剩余的发尾编发后固定，作为中心点。

STEP 08

取右侧的头发，进行两股拧绳并抽蓬松，围绕中心点固定，注意发片之间的连接。

—— TIPS ——

取发片时一定要斜向分区，这样才能让拧绳与拧绳之间更好地衔接。当头发过于毛糙时，可以适当用发蜡棒涂抹。

STEP 09

依次用同样的手法将剩余的头发拧绳并固定，然后将其抽蓬松。

STEP 10

将后发区剩余的头发拧绳后固定在枕骨处。

—— TIPS ——

到收尾时，一定要注意枕骨处的形状。发型形状应该越靠下越窄。如果头发太短，可以用打8字的手法直接收尾。

STEP 11

将右侧区的头发进行两股拧绳，在中心点固定。左侧的头发以同样的技法处理。

STEP 12

在头发的表面抽出发丝，并喷少量发胶，调整造型的轮廓。

—— TIPS ——

在抽发丝时，注意发胶不可喷得太多。尽可能将发胶喷在提拉头发的部位，这样才能保证发丝的清爽。

STEP 13

造型完成。

STEP 14

选择手工饰品，点缀在造型的缝隙处。

—— TIPS ——

此款造型可以选择的饰品有很多种，如鲜花、小型手工花等。注意在佩戴饰品时，要用饰品尽可能遮盖住造型的空隙。线条感强的饰品可以让造型更有纹理感。

STEP 01

将前区的头发进行三七分（左三右七）。

STEP 02

将前区右侧的头发捋顺，从其后方取出一束头发，进行两股拧绳。

STEP 03

在拧绳的表面抽出纹理，将拧绳固定在枕骨的位置。

STEP 04

再取侧区剩余的头发，从耳后开始进行两股拧绳。

STEP 05

将刚做好的拧绳围绕在上一个拧绳的下方并固定。

STEP 06

将左侧的头发以同样的手法拧绳。

STEP 07

将剩余的头发一左一右依次拧绳并固定，注意后发区的造型应越往下越窄。

STEP 08

将刘海区的碎发用鸭嘴夹固定。

STEP 09

从后区的头发中抽出干净的发丝并喷发胶定型。

STEP 10

佩戴饰品，修饰整体造型。

STEP 11

造型完成。

—— TIPS ——

在进行两股拧绳的时候，一定要保证头发干净，拧绳不可太松，否则抽发丝的时候很容易塌下去。此款造型整体位置靠下，所以在做造型的时候一定要紧挨着脖子，让头发完全贴合在脖子上，这样才不会影响最终效果。

STEP 01

取出刘海区的头发，剩下头发备用。

STEP 02

将刘海区的头发直接拧包，并向前推送。

STEP 03

用一只手拉紧拧包的根部，用另一只手在拧包上抽出发丝，让头发变得蓬松。

STEP 04

固定后将剩余的发尾进行两股拧绳，抽蓬松后打 8 字并固定，作为造型的中心点。

STEP 05

取右侧区的头发，进行两股拧绳，向中心点固定。

STEP 06

在右侧区向下选取头发，进行两股拧绳，向中心点靠拢。

STEP 07

选取左侧的头发，斜向进行两股拧绳。

STEP 08

将发尾打8字，固定在造型的中心点。

STEP 09

将剩余的头发分出发片，依次进行两股拧绳，向上集中固定在造型的中心。

STEP 10

佩戴网纱羽毛饰品，增添造型的轻盈感。

STEP 11

在耳朵两边抽出轻盈的发丝，并喷发胶定型。

—— TIPS ——

此款造型整体靠上，所以更适合可爱型的新娘。如果新娘的发际线不美观，就要在额头上留出适量的发丝修饰脸形。造型的整体位置也要根据脸形而定，如长脸形或方脸形就不太适合此款发型。

飘逸长发新娘妆容造型

长发的女生通常给人仙气、灵动的感觉，利用长发的优势可以变化出多款造型。此组造型做了大量减法，在减法的基础上抽出灵动的发丝，并搭配轮廓感较大的手工花，打造出随性、飘逸的风格。

● 产品介绍 ●

粉底液：RMK101

定妆粉：植村秀 colorless

遮瑕膏：KP 双色，好莱坞的秘密 2 号

眼影：日月晶采 1 号

眼线笔：3CE 唇线笔 VILLOWY ENDEAR

腮红：NARS TORRID, MAC FOOLISHME

假睫毛：梦童老师自创品牌

睫毛定型液：娇韵诗

睫毛膏：恋爱魔镜

眉笔：植村秀 05

口红：MAC KINDA SEXY

胶水：ARDELL 黑胶

● 妆容步骤 ●

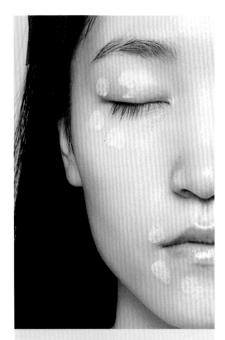

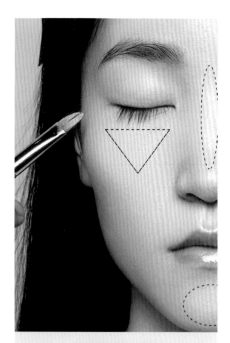

STEP 01

选择 KP 双色遮瑕膏，在肤色不均匀、黑眼圈及嘴角周边的位置进行遮瑕。

STEP 02

选择与模特本身肤色接近的粉底色号，进行打底。

STEP 03

在好莱坞的秘密遮瑕膏中选择比粉底亮一号的色号，在眼睛下方、鼻梁处和下巴处进行提亮。

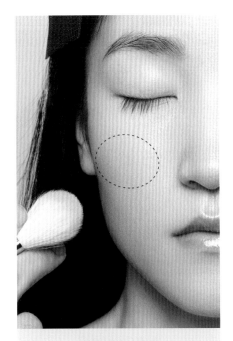

STEP 04

用腮红在颧骨最高点以横向打圈的手法进行晕染。

STEP 05

用彩色眼线笔在睫毛根部勾勒眼线至眼尾外侧。

STEP 06

模特本身睫毛偏长，应分段多次完全夹翘睫毛并进行梳理。

STEP 07

选择眼尾长的假睫毛，进行分段粘贴，粘贴数根下假睫毛，与上睫毛相呼应。

STEP 08

选择与模特本身发色相接近的眉笔色号，对眉毛进行勾画填充。

STEP 09

选择与眼线相接近的口红颜色，打造唇形。

STEP 01

将头发分成左中右三部分,先将中间的头发从顶区至后区进行三加二编发,将剩余的头发直接进行三股编发。

STEP 02

选取右侧的头发,进行三加二编发,将剩余的头发直接进行三股编发。留出少量刘海区的头发备用。抽松头发表面。

STEP 03

将中间编好的发辫绾成低发髻并固定。

STEP 04

将右侧编好的发辫绕在做好的发髻处并固定。

STEP 05

将刘海区的头发梳理出纹理,用鸭嘴夹固定,在内轮廓处抽出发丝,喷少量发胶定型。将左侧的头发利用同样的手法固定在发髻处。

STEP 06

佩戴手工花饰品,增添造型的饱满感。

STEP 01

将头发分成均匀的发片，用 25 号电卷棒竖向烫发。

STEP 02

将烫好的头发分成左右两份，将右侧的头发放置在胸前位置，并用尖尾梳反复梳出波浪形状。

STEP 03

将左侧的头发放置在肩后，将头发的边缘梳出纹理。

STEP 04

将梳理好的头发撕开，边抖动头发边喷发胶。注意边缘的头发一定要向外展开，不能聚集在一起。

STEP 05

将大型花朵点缀在额角处，修饰脸形，营造浪漫感。

—— TIPS ——

在做散发造型的时候，一定要看新娘头发的长度是否适合。此款造型更适合中长发的新娘。烫发时选择的电卷棒不能太细。在操作过程中，要借助尖尾梳不断地整理头发的纹理。在抽松头发纹理时，要一边抖动头发一边喷少量发胶。

STEP 01

将头发分成右侧区及后区，将右侧区的头发进行三加二编发，编至耳后方，将剩余的头发直接进行三股编发。

STEP 02

将右侧区编好的发辫抽松表面，留出来备用，将后区的头发扎成低马尾。

STEP 03

将右侧区编好的发辫缠绕在低马尾根部并固定。

STEP 04

将马尾中的头发放置胸前，进行鱼骨辫编发并抽出发丝，用皮圈固定。

STEP 05

在右侧区编好的发辫的基础上再次抽出发丝，喷少量发胶定型，在视觉上让造型更加灵动。

STEP 06

在后区马尾的空缺处及额角处佩戴饰品，增添造型的饱满感，并在额头上方留出发丝。

03

森系田园新娘妆容造型

要打造仙气十足的森系田园风，通透的底妆必不可少。轻盈的发丝搭配网纱、花朵等饰品，能让人感觉到纯真与柔美。暖暖的田园妆容仿佛春日里的一缕微风，富有弹性的发丝自然飘扬，流露出一种读不完的少女情怀。

● 产品介绍 ●

粉底液：RMK101

定妆粉：植村秀 colorless

遮瑕膏：KP 双色，好莱坞的秘密 2 号

眼影：日月晶采 1 号，NARS ALHAMBRA

假睫毛：梦童老师自创品牌

睫毛定型液：娇韵诗

睫毛膏：悦诗风吟，恋爱魔镜

眉笔：植村秀 03、07

口红：NARS DOLCE VITA，NARS RED SQUARE

● 妆容步骤 ●

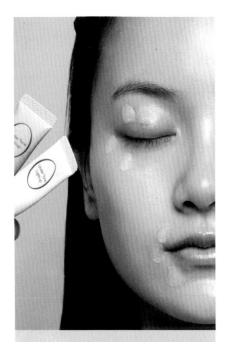

STEP 01

做好皮肤基础护理后，根据模特肤色选择 KP 双色遮瑕膏，遮盖黑眼圈和嘴周。

STEP 02

顺着毛孔方向均匀轻薄地打粉底。

STEP 03

在好莱坞的秘密遮瑕膏中选择比粉底亮一号的色号，在眼睛下方、鼻梁处和下巴处进行提亮。

STEP 04

选择浅金色系眼影，在上眼睑进行晕染。

STEP 05

利用分段的方法将睫毛夹翘，使其不遮挡眼球。

STEP 06

在睫毛根部一簇簇地粘贴假睫毛，让真假睫毛自然贴合。

STEP 07

用睫毛膏轻刷睫毛，以体现出清爽感。

STEP 08

用螺旋梳梳理眉毛之后，用咖啡色系眉笔填补眉毛的空缺处。

STEP 09

选择橘色唇膏打造唇形。

STEP 01

抚平表面毛糙的头发，将头发收在枕骨处，并在额头上方留出修饰脸形的头发。

STEP 02

将头发进行三股编发。

STEP 03

将发辫抽蓬松，打造层次感和蓬松感。

STEP 04

将刘海区留出的头发用 22 号电卷棒进行内卷。

STEP 05

在顶区佩戴花环饰品，增加造型的灵动感。

—— TIPS ——

此款造型主要突出刘海区的头发，在烫刘海区的头发时卷度不能太小。待烫好之后用手撕开头发，这样才能让头发更轻盈，不沉闷。

STEP 01

将所有头发梳理整齐后分成左右两部分。

STEP 02

将右半部分的头发进行反向两股拧绳。

STEP 03

拧绳之后在头发表面抽出发丝，使头发变得蓬松。

STEP 04

将头发缠绕在顶区，再次抽丝并固定。

STEP 05

将左侧的头发以同样的手法进行两股拧绳，在额角处留出干净的发丝并将其梳理出弧度，修饰额头。

STEP 06

佩戴手工纱质的花朵，挡住拧绳的交界处。

STEP 01

将所有头发分成上下两部分。

— TIPS —

在分头发时，要根据模特实际发量进行选择，尽可能让下半部分发量稍微多一些。在做造型时如果遇到发量多的模特，要先把较多的头发藏起来。

STEP 02

将下半部分的头发进行两股拧绳并抽蓬松。

STEP 03

以打 8 字的手法将拧绳做成发髻并固定在枕骨处，为上半部分的头发做铺垫。

STEP 04

将上半部分的头发斜向分区，将右侧的头发进行两股拧绳，缠绕在下面的发髻上。

— TIPS —

在分上半部分的头发时，注意要斜向分区，这样才能在后续操作时更容易使头发交叉。

STEP 05

将左侧的头发往右交叉，同样进行两股拧绳并抽蓬松。

STEP 06

将拧绳缠绕在下面的发髻上，将剩下的发尾抽出发丝后固定。

— TIPS —

当找好造型的中心点后，就要使后续所有的头发都向中心点靠拢。下发卡也是一样的道理，都要在中心点的周围固定。

STEP 07

在前区的位置一前一后用手指抽出发丝，喷少量发胶。

STEP 08

在额角处留出发丝，佩戴线条感强的饰品。

— TIPS —

选择有线条感的、夸张的饰品，可以增添造型的饱满感。在遇到额头偏大的模特时，可以在额头处留出少量的发丝进行修饰。在脸上出现的头发应该是干净的，所以可以极少量地用发蜡棒涂抹，抚平小碎发。

04

温婉知性新娘妆容造型

哲学家康德说："知性，是介于感性和理性之间的一种认知能力。"知性女人举手投足间总会透着一份雍容华贵，她们说话条理清晰，笑容中蕴含着温婉的味道。温婉典雅发髻，发丝轻盈，充满知性女人味儿。

● 产品介绍 ●

粉底液：RMK101

定妆粉：植村秀 colorless

遮瑕膏：KP 双色，好莱坞的秘密 2 号

眼影：日月晶采 1 号，NARS ISOLDE，NARS SURABAYA

腮红：MAC FOOLISH ME

上假睫毛：梦童老师自创品牌

下假睫毛：月儿公主

侧影：MAC MEDIUM DARK

睫毛定型液：娇韵诗

睫毛膏：悦诗风吟，恋爱魔镜

眉笔：植村秀 03、07

染眉膏：KISS ME 02

口红：阿玛尼 500

● 妆容步骤 ●

STEP 01

用 KP 双色遮瑕膏修饰黑眼圈和嘴角暗沉的地方。

STEP 02

选择和皮肤接近的粉底色号，打出轻薄底妆。

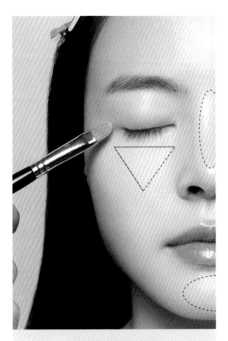

STEP 03

在好莱坞的秘密遮瑕膏中选择比粉底亮一号的色号，在眼睛下方、鼻梁处和下巴处进行提亮。

STEP 04

定妆之后，选择金棕色系眼影，在上眼睑用渐层手法从睫毛根部逐渐向上晕染。同时画出下眼睑眼影。

STEP 05

夹翘真睫毛。

STEP 06

将剪好的单簇假睫毛一簇簇地粘贴在睫毛根部。模特眼睛偏大，建议选择稍浓密的假睫毛。

STEP 07

在上睫毛浓密的情况下，下睫毛也需要一簇簇地粘贴。

STEP 08

粘贴完下睫毛后，涂刷干爽的睫毛膏，使真假睫毛合二为一。

STEP 09

用染眉膏将眉毛染成和头发接近的颜色，再用眉笔填补空缺处。

STEP 10

在颧骨凹陷处少量扫暗影。

STEP 11

纵向轻扫腮红，使其和暗影均匀地结合在一起。

STEP 12

用少量粉底遮盖嘴唇原本的颜色，再均匀地描画口红。

STEP 01

将头发分成前区和后区。

STEP 02

将后区所有的头发横向分成上下两部分。

—— **TIPS** ——

注意在将头发分成上下两部分时，一定要根据发量多少确定分界线。如果上半部分的头发比较多，就可以多分一些给下半部分。

STEP 03

将后区下半部分的头发收紧，向上进行拧包，缠绕并固定。

STEP 04

将后区上半部分的头发分成左中右三份，分别进行倒梳。

—— **TIPS** ——

倒梳是此款造型的重点。发量不够时，可以将头发分成三部分，然后依次进行倒梳。注意一定要倒梳到根部。

STEP 05

将倒梳之后的头发做成发包状，作为造型的基点。

STEP 06

将前区的头发梳理干净，整体向后收，并包住顶区的发包。

—— TIPS ——

在拿头发时注意抓紧所有头发。如果耳朵两边碎发比较多，可以先用小号鸭嘴夹固定，再去收头发。

STEP 07

在头发表面抽出发丝，营造造型的纹理感。

STEP 08

造型完成。

—— TIPS ——

此款造型在包发的基础上抽出发丝，以减少成熟感。如果在婚礼当天使用，也可以不抽太多发丝。造型要点在于"紧"，造型位置不可太低，一般在顶区位置即可。

STEP 01

将头发从顶区到后区依次分片，进行倒梳。

STEP 02

将倒梳后的头发拧包，固定在枕骨处。

—— TIPS ——

在做后区的发包时，注意发包形状的饱满度。首先要将头发倒梳到位，确保每片头发都要倒梳到根部，这样才能让发包更饱满。

STEP 03

将在左前侧区的头发倒梳后固定在拧包处。

STEP 04

同样将右前侧区的头发倒梳后交叉固定在拧包的下方。

—— TIPS ——

如果模特的太阳穴偏窄，在收两侧头发之前也要进行适当倒梳，以使两侧造型更饱满。还要注意头发表面的光滑度，如果碎发较多，在固定之前可以喷少量发胶定型。

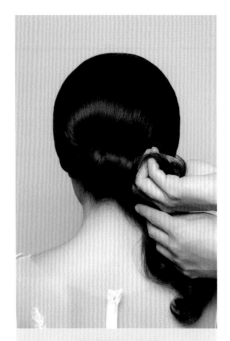

STEP 05

将剩余的头发分成两部分，先将左侧的头发以打卷的手法固定。

STEP 06

将剩余的头发向左固定。

— TIPS —

如果后区剩余的头发偏多，可以多分几部分再固定。注意后区的发髻形状不要太宽，可略微小一些。

STEP 07

选择刘海区的头发，用手撕开发片，用鸭嘴夹固定。

STEP 08

最后将侧区的头发顺着纹理抽出发丝，喷发胶定型。佩戴钻石耳饰，修饰整体造型。

— TIPS —

为了增添些许灵动感，可以在耳朵两边和刘海区抽出少量的发丝。注意发丝不需要太多。如果模特额头偏大，刘海区的头发就不可以向上翻得太高。

STEP 01

选取顶区的头发，将其提拉成发片状，进行倒梳。

STEP 02

留出一定的头发，用来在下一步遮挡住倒梳的痕迹。将倒梳后的头发做成发垫的形状，作为造型的基础。

—— TIPS ——

做这个发垫是为了让包发更饱满。如果发量偏少，也可以直接选择假发垫作为造型的基础。

STEP 03

用留出的头发包住发垫，做成发包。

STEP 04

将剩余的发尾打卷后固定在发包的中心处。

—— TIPS ——

做完发包之后，可以将剩余的发尾直接打卷后固定在发包的中心处。

STEP 05

将后区剩余的头发分成左右两部分，再将左侧的头发进行倒梳，大面积地交叉固定在造型的右侧。

STEP 06

将右侧的头发倒梳后向左交叉固定，再将剩余的发尾向反方向打卷，然后固定。

STEP 07

将两侧区留出的头发分别利用三加一手法编发。

STEP 08

在造型的内轮廓处一前一后抽出不规则的发丝，并喷少量发胶。

STEP 09

佩戴环形的发箍和偏长的耳饰，让整体风格更优雅。

— TIPS —

干净的包发能给人带来端庄优雅的感觉，在此基础上抽出发丝，能起到减龄的作用，不仅会让整体造型看起来更加轻盈，而且纹理感也会强一些。佩戴偏长的耳饰，在装饰造型的同时也能起到修饰脸形的作用。

05

欧式轻奢复古新娘妆容造型

欧式复古风格本身比较偏成熟。在打造此组造型的时候，在妆容上应尽量做到干净，不需要使用过多的色彩，可以用造型来强调主题感。在饰品的选择上采用缎带、蝴蝶结等材质，来弱化复古主题带来的年代感。

在化妆前已经对模特做好了充分的皮肤保湿和护唇工作。将头发分成均匀的发片，用 22 号电卷棒向内平卷。为了保持头发的卷度，每烫一片都要用鸭嘴夹固定。

● 产品介绍 ●

粉底液：RMK102

定妆粉：植村秀 colorless

遮瑕膏：KP 双色，好莱坞的秘密 2 号

眼影：NARS ALHAMBRA

腮红：NARS TORRIO，MAC MELBA

假睫毛：梦童老师自创品牌

睫毛定型液：娇韵诗

睫毛膏：悦诗风吟，恋爱魔镜

眉笔：植村秀 03、05

口红：NARS DOLCE VITA

睫毛胶水：ARDELL 黑胶

● 妆容步骤 ●

STEP 01

用 KP 双色遮瑕膏遮盖黑眼圈和嘴巴周围暗沉的地方。

STEP 02

选择和模特肤色接近的粉底色号，按照毛孔方向打粉底。

STEP 03

在好莱坞的秘密遮瑕膏中选择比粉底亮一号的色号，在眼睛下方、鼻梁处和下巴处进行提亮。

STEP 04

为了保持皮肤的湿润感，只在比较容易出油的地方，如C字区、T字区少量定妆。

STEP 05

先用裸色系眼影在整个眼窝处打底，再用咖色系眼影以平涂的手法晕染。

STEP 06

用睫毛梳轻轻地扫除睫毛上的眼影粉。

STEP 07

用睫毛夹轻轻地多次夹翘睫毛，每夹一次用睫毛梳梳理一下。然后粘贴剪好的单簇假睫毛。

STEP 08

选择单根的下假睫毛，一根根粘贴在下睫毛的根部。

STEP 09

先用螺旋梳梳理眉毛，再依次用浅色和深咖色的眉笔填充眉毛。

STEP 10

纵向轻扫腮红，使面部更为饱满。

STEP 11

先用裸色唇膏遮盖模特本身的唇色，再用表现色唇膏描画出唇形。

STEP 01

分出刘海区的头发。

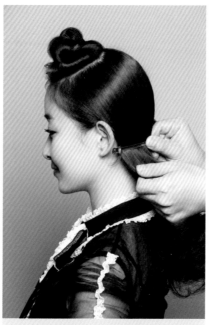

STEP 02

用鸭嘴夹将后区的头发固定在枕骨处。

STEP 03

将刘海区的头发向左侧梳理，并用鸭嘴夹固定。

STEP 04

用手和尖尾梳配合，将刘海区的头发向前推出第一个 S 形波纹。

STEP 05

用鸭嘴夹固定第一个波纹后，再将头发向斜后方推送。

STEP 06

继续用尖尾梳推出第二个波纹，需要比第一个波纹小一些。

STEP 07

用鸭嘴夹固定后，少量多次喷发胶定型。

STEP 08

将剩余的头发向前推出第三个波纹，用小号鸭嘴夹固定。

STEP 09

将后区的头发均匀分成三份。首先处理右侧的一份，利用头发的卷度向上打卷，然后将其固定在耳朵后方。

STEP 10

将发尾交叉固定在空缺处。

STEP 11

将后区中间和左侧的头发依次用同样的手法固定。

STEP 12

造型完成。

STEP 01

将头发分成均匀的发片,用 22 号电卷棒向内平卷。

STEP 02

用气垫梳将烫卷的头发反复梳开。

STEP 03

用柔亮产品抚平毛糙的头发。

STEP 04

将头发分成前区和后区。

STEP 05

将后区所有头发扎成高马尾,扎在黄金点的位置。

STEP 06

将马尾中所有的头发放在手掌上,再用尖尾梳均匀地梳成发片状。

STEP 07

稍微用力向前按压发片，再用发卡固定。

STEP 08

将剩余的头发用卷筒技法向内按压并固定。

STEP 09

将发尾向右打成8字形，固定在后区。

STEP 10

将最后剩余的发尾用尖尾梳梳开并固定。

STEP 11

将前区的头发三七分（左七右三），将左侧的头发用鸭嘴夹斜向固定出弧度，用尖尾梳向前松散地推出波纹形状。

STEP 12

将波纹形状用鸭嘴夹固定，并喷少量发胶定型。

STEP 13

将剩余的头发向后打卷并固定。

STEP 14

将剩余的发尾以同样的手法依次向后连续打卷并固定。

STEP 15

将最后剩余的发尾和后区的发包连接并固定。

STEP 16

在造型的空缺处佩戴蝴蝶结饰品，修饰整体造型。

STEP 17

造型完成。

TIPS

此款造型运用手打卷的技法来完成。造型重点在于头发的干净度，所以在处理每一片头发时，一定要用发蜡棒涂抹，并且每片头发都要用尖尾梳梳透再去打卷。

STEP 01

将头发分成前后两区。

STEP 02

将后区的头发从耳尖处水平向后分成上下两部分。

STEP 03

将上半部分头发倒梳，用拧包技法做成发包。

STEP 04

将剩余的发尾向上打卷后固定，作为中心点。

STEP 05

将最后剩余的发尾向左交叉固定。

STEP 06

将下半部分头发分成两份。

STEP 07

将左侧的头发用拧绳技法绕在后区的中心点。

STEP 08

将右侧的头发同样围绕在中心点固定。

STEP 09

将前区的头发中分。

STEP 10

将右侧的头发用鸭嘴夹固定出形状，再将发尾向后做成卷筒。

STEP 11

将最后剩余的发尾打卷后固定，左侧的头发以同样的手法处理。

STEP 12

佩戴发带后点缀蝴蝶结，让整体造型更精致、饱满。

06

法式优雅新娘妆容造型

法国是个浪漫之都，是每个女人都向往的地方。法式风格高级而优雅，将法式优雅通过卷筒技法融入新娘造型中，能够充分地表达出新娘的优雅气质。用网纱覆盖脸庞，神秘又令人着迷。

● 产品介绍 ●

粉底液：RMK101

定妆粉：植村秀 colorless

遮瑕膏：KP 双色，好莱坞的秘密 2 号

眼影：日月晶采 1 号

腮红：MAC MODERN，MAC GLEEFUL

眼线膏：MAC

假睫毛：梦童老师自创品牌

睫毛定型液：娇韵诗

睫毛膏：悦诗风吟，恋爱魔镜

眉笔：植村秀 05

口红：NARS INFATUTED RED

睫毛胶水：ARDELL 黑胶

● 妆容步骤 ●

STEP 01

用 KP 双色遮瑕膏修饰黑眼圈以及嘴角周围暗沉的地方。

STEP 02

选择与模特肤色相接近的粉底，均匀地推开。

STEP 03

在好莱坞的秘密遮瑕膏中选择比粉底亮一号的色号，在眼睛下方、鼻梁处和下巴处进行提亮。

STEP 04

在睫毛根部勾勒出流畅的内眼线，
眼尾拉长，以修饰眼形。

STEP 05

分段夹翘睫毛，让睫毛有一个自
然卷翘的弧度。

STEP 06

将整排假睫毛剪成单簇粘贴，以
使粘贴后的效果更加自然。

STEP 07

模特眉毛比较浓密，只需利用线
条补充眉形空缺处。

STEP 08

选择和妆面风格相近的腮红，以
打圈的手法进行晕染。

STEP 09

用大红色口红打造出饱满的唇形。

STEP 01

将头发分成前后两区，将前区的头发三七分（左三右七），将后区的头发连接前区左侧的头发，扎高马尾。

STEP 02

在马尾下方固定假发包，并调整假发包的形状。

STEP 03

用马尾中的头发包住假发包，注意发包表面的光滑度。

STEP 04

将剩余的头发藏到包发里，并用发卡固定。

STEP 05

将前区右侧的头发分成上下两部分，下面一部分头发备用。

STEP 06

先用鸭嘴夹压住上面一部分头发的根部，将头发往斜后方打卷并固定。

STEP 07

将打卷后剩余的发尾和下面留出
来的头发收在一起。

STEP 08

拿住所有的头发，向额角处打卷
并固定。

TIPS

在做卷筒的时候，要注
意卷筒的弧度，手要稍
微有点力气。造型师经
常会遇到没有地方下发
卡的情况，发卡的位置
一定是在头发和头发的
连接处，这样会固定得
更牢固。

STEP 09

将剩余的发尾反方向向上打卷后
固定。

STEP 10

将最后剩余的发尾利用其自身的
卷度固定在空缺处。

TIPS

此款造型分为前后两个
区域。在模特发量多的
情况下，也可以将模特
自身的头发倒梳后打造
后区的发包。要注意前
区的卷筒位置，如果发
际线不美观，就需要将
卷筒稍微往前摆放，以
修饰发际线和额角。

STEP 01

将前区的头发三七分（左三右七），
将右侧的头发分成上下两部分，
将上半部分头发向外打卷后固定。

STEP 02

将下半部分头发固定在第一层卷
筒的斜后方，注意留出发片之间
的空隙，每片头发都要用发蜡棒
涂抹。

STEP 03

将前区右侧两部分头发固定后剩
余的发尾连接在一起。

STEP 04

利用两只手的力度将发尾向耳后
推送并固定。

STEP 05

将剩余的发尾向上交错固定。

STEP 06

将后区的头发均匀地分成三等份。

STEP 07

将右侧的头发打卷，和上方的卷筒连接，让头发堆积在造型的右侧。

STEP 08

将卷筒固定在耳后，将剩余的发尾向左交叉固定。

STEP 09

将后区剩余的头发用发蜡棒抚平碎发，将后区中间的头发以同样的手法处理。

STEP 10

将后区左侧的头发向前打卷并固定。

STEP 11

造型完成。

STEP 12

佩戴线条状额饰，修饰额头。

STEP 01

将头发分成前后两区。

STEP 02

将后区的头发在枕骨处扎低马尾。

STEP 03

将马尾中的头发从发尾到发根向外打卷，使其形成发包。

STEP 04

用手撕开发包，并将发包的边缘和后区的头发连接。

STEP 05

注意调整发包的形状，并喷少量发胶定型。

STEP 06

将前区的头发中分，将右侧的头发用鸭嘴夹在耳朵上方固定。

STEP 07

拿住剩余的发尾，向耳朵上方打卷并固定。

STEP 08

取掉鸭嘴夹，用发蜡棒抚平最后剩余的发尾。

——— TIPS ———

在做两侧的发卷时，注意发卷的位置应尽量一致，都要固定在耳朵上方。造型的宽度要视脸形而定,如果脸形太宽，发型则不可太宽。

STEP 09

将发尾向前打卷，交错固定。

STEP 10

另一侧以同样的手法操作。最后佩戴网纱。

——— TIPS ———

在佩戴网纱时注意不要卡到睫毛，所以可以将网纱的两侧对折之后再去固定。网纱的位置也可以根据整体造型风格进行调整。

07

浪漫鲜花新娘妆容造型

鲜花造型现在也成了婚礼中的一种流行趋势，深受新娘喜爱。鲜花的种类非常多，利用不同色系的鲜花搭配轻盈灵动的发丝，在视觉上能够营造清新浪漫的感觉。在新娘造型中佩戴鲜花时，应选择同色系鲜花或者单色鲜花，将其不规则地点缀在造型中。

● 产品介绍 ●

粉底液：RMK201

定妆粉：植村秀 colorless

遮瑕膏：KP 双色，IPSA 三色遮瑕

眼影：日月晶采 1 号，独角兽 2 代

腮红：MAC FOOLISH ME，NARS DESIRE

睫毛定型液：娇韵诗

睫毛膏：悦诗风吟

眉笔：植村秀 03、07

口红：NARS RED SQUARE

● 妆容步骤 ●

STEP 01

模特本身肤色较白，做适当的保湿，让皮肤更滋润。

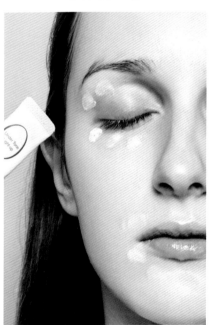

STEP 02

均匀肤色，首先选择 KP 双色遮瑕膏，模特肤色偏白，因此黄色遮瑕膏要多一点。

STEP 03

选择和模特肤色相近的粉底色号，轻薄地平涂于面部。

STEP 04

在好莱坞的秘密遮瑕膏中选择比粉底亮一号的色号，在眼睛下方、鼻梁处和下巴处进行提亮。

STEP 05

选择一款砖红色眼影，平涂于上眼睑，让眼睛变得更加有光泽。

STEP 06

根据眉毛的生长方向进行描画，修饰眉形。

STEP 07

用睫毛梳梳理睫毛之后，用睫毛夹均匀地夹翘睫毛。选取一款清爽的睫毛膏，涂刷上下睫毛，使其呈现自然持久的卷翘效果。

STEP 08

为了凸显浪漫风格，选择一款橘色腮红，与眼影相呼应。

STEP 09

模特唇形偏小，所以在涂抹唇膏时刻意扩大唇形，让嘴唇变得更加饱满。

STEP 01

利用 25 号电卷棒将所有头发进行竖烫。

STEP 02

用气垫梳将冷却后的发卷梳开，涂抹少量柔亮胶，抚平毛糙的头发。

STEP 03

选择右侧区的头发，以三加一的技法编发，并留出额角以及太阳穴处的头发。将编好的发辫从表面抽出发丝，增加灵动感。将发辫固定在枕骨的位置。

STEP 04

左侧区的头发以同样的手法编发，将其抽蓬松后固定在枕骨的位置。

STEP 05

在头顶位置抽出单根发丝，让造型变得更饱满。

STEP 06

在两侧佩戴鲜花，修饰脸形。

STEP 01

在顶区选取头发。

STEP 02

利用拧包的技法处理顶区的头发，使顶区变得更饱满，为后面的造型做铺垫。

STEP 03

将发包固定，将剩余的发尾进行两股拧绳。

STEP 04

将拧绳抽蓬松，往发包上围绕并固定。

STEP 05

选取右侧刘海区后方的头发，进行两股拧绳，并固定在发包下方。

STEP 06

将右侧区剩余的头发以同样的手法拧绳，抽蓬松后固定。

STEP 07

将左侧的头发以同样的手法拧绳，
一左一右固定在枕骨处。

STEP 08

将后区剩余的头发分成两份，分
别进行两股拧绳，打8字并固定，
注意造型的整体形状。

STEP 09

将剩下的发尾固定在造型的下方，
注意两侧不宜太宽。

STEP 10

选择小雏菊，不规则地点缀在造
型的空隙处。

STEP 11

造型完成。

—— TIPS ——

如果要做编发造型，染
过颜色的头发会让纹理
感更强一些。模特头形
偏尖，所以在做造型的
时候要尽可能加宽两侧。
同时模特脸形偏长，所
以要在刘海区和额角处
留出头发，以修饰脸形。

STEP 01

从右侧区开始取第一束头发，用
22 号电卷棒烫卷。

STEP 02

待头发冷却之后直接将其固定在
枕骨处。

—— TIPS ——

注意在模特发量少的情
况下，可以选择小号电
卷棒烫发，烫好之后不
要将头发梳开，按照卷
度直接固定即可。

STEP 03

取出第二束头发，同样用电卷棒
烫卷，固定在上一束头发的下方。

STEP 04

按照同样的手法向下操作，每烫
一束头发，就根据头发的卷度直
接固定。

—— TIPS ——

考虑到模特脸形偏长，
所以后区的造型可处理
得略宽一些。每一束头
发都要依次固定在上一
束头发的下侧，重点是
一定要紧贴脖子操作。

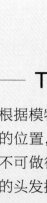

—— TIPS ——

应根据模特脸形确定造型的位置，后区整体造型不可做得太靠下。左侧的头发按照同样的手法操作，每烫一片就固定一次。

STEP 05

将左侧的头发采用同样的手法烫卷并向后固定，与右侧的头发衔接。注意造型轮廓。

STEP 06

剩余的发尾留出备用。

STEP 07

利用尖尾梳将剩余的发尾梳出波纹的形状，并喷少量发胶。

STEP 08

在右侧区佩戴鲜花，让整体造型显得更加浪漫。

—— TIPS ——

建议选择整体轮廓为圆形的花朵来装饰造型。将花朵佩戴在侧区，不仅能调整造型的轮廓，也能起到修饰脸形的作用。

08

轻盈灵动新娘妆容造型

本组造型通过发丝与主题相呼应。发丝不仅能修饰造型的轮廓，还可以使面部线条柔和。本组造型发丝动感张扬，造型随意简约，夸张的配饰是造型的点睛之笔。

• 产品介绍 •

粉底液：RMK101

定妆粉：植村秀 colorless

遮瑕膏：KP 双色，好莱坞的秘密 2 号

眼影：日月晶采 1 号，MAC 金棕色

上假睫毛：梦童老师自创品牌

下假睫毛：月儿公主

睫毛定型液：娇韵诗

睫毛膏：恋爱魔镜

眉笔：植村秀 05

眼线液笔：KISS ME

口红：MAC RETRO MATTE LIOQUID LIPCOLOUR

• 妆容步骤 •

STEP 01

用 KP 双色遮瑕膏遮盖黑眼圈及嘴巴周围暗沉的地方。

STEP 02

选择和肤色接近的粉底色号，打出轻薄底妆。

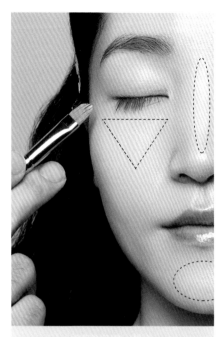

STEP 03

在好莱坞的秘密遮瑕膏中选择比粉底亮一号的色号，在眼睛下方、鼻梁处和下巴处进行提亮。模特太阳穴偏窄，所以应重点提亮。

STEP 04

选择金棕色系眼影，利用渐层手法在上眼睑涂抹，同时画出下眼影。

STEP 05

扫除睫毛上的余粉，反复多次夹翘睫毛，并将其梳理自然。

STEP 06

选择浓密的单簇假睫毛，依次粘贴在睫毛根部，并单根填补下睫毛。在眼尾处画出流畅的上扬眼线。

STEP 07

模特本身眉形较好，只需要填补眉毛的空缺处。

STEP 08

省略腮红，选择鲜艳的口红颜色，描绘出饱满的唇形。

STEP 01

选取刘海区的头发，后区的头发留出备用。

STEP 02

将刘海区的头发向前推送并拧包，固定后再抽蓬松。

STEP 03

将后区的头发从耳尖处水平向后分成上下两部分，再将上半部分的头发聚拢在一起并固定。

STEP 04

将上半部分剩余的发尾和下半部分的头发一起缩成高发髻并固定。

STEP 05

在额角处拿出少量发丝，将其整理出线条感。

STEP 06

在刚做好的造型的基础上，大胆地抽出干净的发丝，注意发丝之间的空间感。边抽发丝边喷少量发胶定型，让造型看起来更饱满。

STEP 01

将头发分成前后两区，将前区的头发三七分（左三右七），在右侧进行三加一编发，编到耳后直接进行三股编发。

STEP 02

左侧的头发用同样的手法操作，编好之后抽松发辫表面的头发，将两条发辫留出来备用。将后区所有头发在枕骨处扎成低马尾。

STEP 03

将马尾编成干净的三股辫。

STEP 04

将前区左右两侧编好的发辫与低马尾发辫连接在一起。

STEP 05

按照编发的纹理抽出发丝，注意发丝的走向要一前一后、一左一右，保证从正面能够看到后区的发丝。

STEP 06

佩戴鲜花及夸张的耳饰，让整体造型更为协调。

STEP 01

将前区的头发中分，从右侧耳尖处取出适量的头发，进行两股拧绳。

STEP 02

将拧绳抽蓬松后固定在后区，左侧的头发以同样的手法操作。

STEP 03

将后区剩余的头发分成两部分，分别编成四股辫。

STEP 04

将编好的四股辫交叉缠绕在两侧区至顶区的位置并固定，抽出纹理，注意发辫不要盖住耳朵。

STEP 05

在耳朵两旁及后区发际线的位置抽出少量发丝并喷发胶定型，增添轻盈感。

— TIPS —

此款造型依靠编发来完成。在编发时一定要先编干净的发辫，尽可能不要出现碎发，然后在此基础上再去抽松头发。编发的宽度也要按照模特的脸形来确定。

09

梦幻甜美新娘妆容造型

清新甜美的编发，随意散落的发丝，搭配纱质手工花，让人感觉朦胧而沉醉。妆容上选择粉色系，搭配自然的睫毛，让妆容更加通透自然，显得水灵动人。梦幻风格的妆容造型也是大多数甜美新娘的首选。

● 产品介绍 ●

粉底液：RMK101

定妆粉：植村秀 colorless

遮瑕膏：KP 双色，好莱坞的秘密 2 号

眼影：日月晶采 1 号，MAC NEWS FLASH，MAC RUDDY

腮红：NARS DOLCE VITA，NARS TORRID

假睫毛：梦童老师自创品牌

睫毛定型液：娇韵诗

睫毛膏：悦诗风吟，恋爱魔镜

染眉膏：KISS ME 02

眉笔：植村秀 07 05

口红：MAC kinda sexy，阿玛尼 512，DIOR 001

睫毛胶水：ARDELL 黑胶

● 妆容步骤 ●

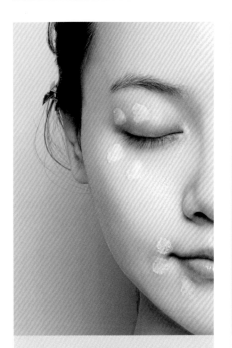

STEP 01

用 KP 双色遮瑕膏遮盖肤色不统一的地方，模特皮肤偏暗沉，应多用一些橘色遮瑕膏。

STEP 02

选择和肤色接近的粉底色号，打出均匀的底妆。皮肤状态好的地方轻轻带过即可。

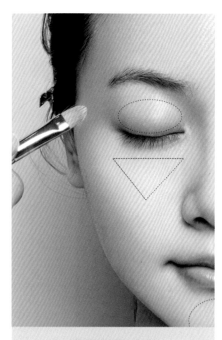

STEP 03

在好莱坞的秘密遮瑕膏中选择比粉底亮一号的色号，在眼睛下方、鼻梁处和下巴处进行提亮。

STEP 04

用裸色眼影在上眼睑打底，然后选择表现色涂抹在睫毛根部。

STEP 05

梳理睫毛之后，用睫毛夹将其夹出自然的弧度。

STEP 06

选择自然型号的单簇假睫毛，并排粘贴在睫毛根部。在睫毛的空隙处可少量填补眼线膏，以防止露白。

STEP 07

用浅色染眉膏从眉头到眉尾均匀地涂染眉毛，并用浅色眉笔填补空缺处。

STEP 08

选择液体腮红，用手指少量涂抹在笑肌处。

STEP 09

选择珠光质地的唇釉，打造唇妆。

STEP 01

将所有头发用 22 号电卷棒向内烫卷并用气垫梳梳开。选取顶区的头发。

STEP 02

利用二加一的手法进行两股拧绳，在枕骨处固定。

STEP 03

将右侧的头发斜向分区，进行两股拧绳并与顶区的拧绳相衔接，固定在下方。

STEP 04

将下面的头发以同样的手法拧绳并抽蓬松。

STEP 05

将拧绳之后剩余的发尾以打 8 字的手法固定。

--- TIPS ---

注意在拧绳时要选取同等发量的发片，在后区拧绳时可以稍微拧得紧一些。注意每束头发之间都要衔接好，并往一个中心点靠拢。

STEP 06

将后区剩余的头发一左一右进行两股拧绳,抽蓬松后收在枕骨处。

STEP 07

将左右两侧区的头发分别进行二加一拧绳,然后收到后方,与枕骨处的头发连接。在额头上方留出头发,修饰脸形。

—— TIPS ——

在将侧区的头发拧绳时,如果发量较少,可以一次性拧完。如果发量偏多,也可以分成两次完成。要留出少量头发修饰额头。

STEP 08

造型完成。

STEP 09

佩戴带有羽毛的网纱饰品,增加整体造型的甜美感。

—— TIPS ——

此款造型主要突出后区的编发纹理,所以中心点都向后区靠拢。可以将有线条感的饰品佩戴在顶点位置,削弱前轻后重的感觉。

STEP 01

从刘海区开始选取头发，并在发际线处留出用来修饰脸形的头发备用。

STEP 02

将左侧区的头发进行三加一编发，编到耳后直接进行三股编发，然后抽出发丝。

—— TIPS ——

在编侧区的头发前，注意在发际线处留出一定的头发，以便后续做造型使用。

STEP 03

将刚才发际线处留出的头发用尖尾梳梳出形状，用鸭嘴夹固定在太阳穴的位置。

STEP 04

将右侧的头发以同样的方式编发，编好之后留出来备用。

—— TIPS ——

在侧区编发时，要注意观察发量多少。如果前侧区的头发偏少，就可以借助后区的头发一起编发，以便让两侧的造型看起来更饱满、协调。

STEP 05

将左侧编好的发辫固定在枕骨处，将右侧的发辫同样交叉固定。

STEP 06

将后区剩余的头发分成两部分。

TIPS

如果后区剩余的头发偏多，就可以将其分成三部分再固定。后区的造型不需要做得太宽，可偏紧凑一些。

STEP 07

将后区的头发打卷后固定在编发的下方，注意头发之间的连接。

STEP 08

选择轻盈的羽毛饰品，点缀在额角处，最后调整发丝。

TIPS

选择一簇簇的饰品点缀在太阳穴后方，可以让造型看起来更为饱满。此款造型主要突出刘海区的头发，如果刘海区的头发偏长，建议修剪一下，让造型纹理呈现出 S 形。

STEP 01

取出顶区的头发。

STEP 02

进行两股拧绳，并抽松头发表面。

STEP 03

将拧绳以打 8 字的手法固定，作为造型的中心点。

STEP 04

将右侧区的头发从耳后开始进行两股拧绳，并绕在造型的中心点。

STEP 05

选择左侧区的头发，利用同样的技法向中心点固定。

STEP 06

从后区剩余的头发中竖向分发片，分别进行两股拧绳，并抽松头发表面。

STEP 07

将拧绳打8字后固定在中心点下方，在后区做出饱满的发髻。

STEP 08

将刘海处的发丝用尖尾梳梳理干净，并整理出弧度，在发丝之间留出空隙。

—— TIPS ——

模特额头偏大时，可以在额头处留出少量的发丝进行修饰。但要注意额头处的发丝一定要干净，尽可能不要有碎发。如果碎发偏多，可以适当用发蜡棒涂抹。

STEP 09

在额角处佩戴饰品，弥补额角的空缺。

STEP 10

在头顶处不规则地抽出发丝，并喷少量发胶定型，增添造型的灵动感。

—— TIPS ——

发丝的走向应该是不规则的，用指尖抽出发丝，发丝的走向可以呈现出一前一后、一左一右的状态。为了让发丝更清爽，在喷发胶时一定要控制用量。

10

高贵大气新娘妆容造型

高贵大气的造型主要体现在干净的卷筒和错落有致的发卷中，只需要在不同区域进行交错变化，就能呈现出不同的感觉。现在越来越多的气质型新娘会在婚礼中选择这种简约的造型。此组造型运用了多种卷筒技法，再加上干净的妆容，打造出了不一样的简约大气风格。

• 产品介绍 •

粉底液：RMK101

妆前乳：CPB

定妆粉：植村秀 colorless

遮瑕膏：KP 双色，好莱坞的秘密 2 号

眼影：日月晶采 1 号，MAC 金棕色

腮红：MAC FOOLISH ME

眼线膏：MAC

眼线液笔：KISS ME

假睫毛：梦童老师自创品牌

睫毛定型液：娇韵诗

睫毛膏：悦诗风吟，恋爱魔镜

眉笔：植村秀 03、05

口红：TF 09 TRUE CORAI

睫毛胶水：ARDELL 黑胶

• 妆容步骤 •

STEP 01

在打底妆之前先清洁皮肤，然后进行保湿，让后续的底妆更伏贴。

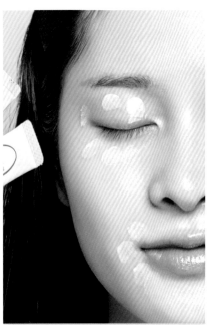

STEP 02

选择 KP 双色遮瑕膏，在模特肤色不均匀的位置进行遮瑕。

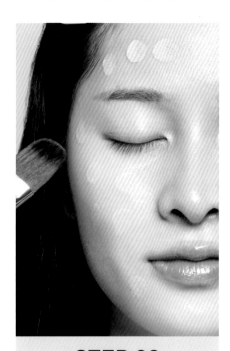

STEP 03

选择和模特本身肤色相近的粉底色号，进行打底。

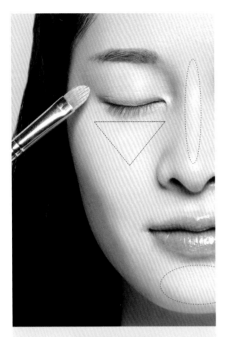

STEP 04

在好莱坞的秘密遮瑕膏中选择比粉底亮一号的色号，在眼睛下方、鼻梁处和下巴处进行提亮。

STEP 05

选择大地色眼影，在整个眼窝处进行晕染。下眼睑从眼尾到内眼角晕染三分之二的区域。

STEP 06

用眼线膏填满睫毛根部，使眼睛更有神采。

STEP 07

将睫毛上的眼影粉梳理干净，再将睫毛夹翘。

STEP 08

将假睫毛剪成单簇的形式，从眼尾开始粘贴。

STEP 09

将假睫毛粘贴至内眼角。外眼角的睫毛偏长，使眼睛显得更加妩媚。

STEP 10

在外眼角处勾勒出微微上扬的眼线，注意睫毛根部不要露白。

STEP 11

用螺旋梳按照眉毛的生长方向进行梳理，再用与发色相近的眉笔进行补画。

STEP 12

让模特微笑，在面部隆起的位置晕染腮红。

STEP 13

用唇刷勾画出流畅的唇形。

STEP 01

将头发梳理干净，分出左右侧区及后区。

STEP 02

将侧区的头发用鸭嘴夹收起备用，将后区的头发用皮圈扎成低马尾。

STEP 03

从低马尾中取出均匀的发片。

STEP 04

将发片以卷筒的手法向上固定。

STEP 05

将剩余的发尾左右交错打卷后固定。

TIPS

在做卷筒造型时，要根据发量的多少和纹理感的强弱来确定所分发片的多少。如果发量偏多，分出的发片可以稍微多一些；如果想要呈现出较强的纹理感，所分出的发片也需要多一些。

STEP 06

将后区剩余的头发以同样的手法向上固定。

STEP 07

选择右侧区的头发，向后梳理干净后用鸭嘴夹固定。

STEP 08

将剩余的发尾向后打卷，与后区的卷筒衔接固定。

STEP 09

将剩余的发尾以连环卷的手法固定在造型后方的空缺处。

STEP 10

将左侧区的头发以同样的手法操作。喷少量发胶定型。

—— TIPS ——

此款造型运用了卷筒的手法。造型的关键在于表面的干净程度和发卷的弧度。在做卷筒之前要先将马尾扎干净，同时每一束发片都需要用发蜡棒涂抹。发卷的位置可根据实际情况任意摆放，只要最后的效果饱满即可。

STEP 01

将烫好的头发梳理干净，扎成光滑的高马尾。

STEP 02

从马尾中取出均匀的发片。

STEP 03

将发片以卷筒的手法向前固定。

STEP 04

将剩余的发尾以连环卷的手法继续打卷并固定。

STEP 05

在马尾左侧选取相同发量的发片，将其梳理干净后进行打卷。

STEP 06

从马尾右侧取出相同发量的发片，进行打卷并固定。

STEP 07

发卷与发卷之间要相互交错，这样可以使造型更加饱满。

STEP 08

以马尾后方取出相同发量的发片。

STEP 09

在右边空缺的位置进行打卷，然后固定。

STEP 10

将剩余的发尾向上交错固定在马尾的根部。

TIPS

在做发卷时要注意整体造型的饱满程度，发卷的走向可以是不规则的。发卷之间可以留出少量的空隙，这样会让卷筒的纹理感更强。如果遇到发尾太短、不好固定的情况，可以先用小型鸭嘴夹固定，再喷发胶定型，最后用发卡固定。

STEP 11

从马尾左侧选取相同发量的发片，
打卷后固定。

STEP 12

从马尾后区取相同发量的发片，以
卷筒的手法向后固定。

STEP 13

将剩余的发尾做出发卷，向上用鸭
嘴夹固定在造型中心处。

STEP 14

继续用鸭嘴夹固定，喷少量发胶
定型。

STEP 15

佩戴镶钻的皇冠饰品及耳饰。

--- TIPS ---

此种风格的造型可以选
择镶钻的皇冠或发箍之
类的高贵饰品。卷筒的
高低要根据模特的脸形
来定，如果脸形太长，发
髻就不可以做得太高，选
择的配饰也不可以太高。

STEP 01

将头发分成前区及后区。

STEP 02

将后区的头发从耳尖处水平向后分成上下两部分。用皮圈将上半部分的头发扎成马尾固定。

STEP 03

从马尾中取少量头发，缠绕皮圈固定。再从马尾中取出均匀的发片。

STEP 04

将发片向右以卷筒的手法固定。

STEP 05

再将剩余的发尾向中心处固定。

STEP 06

从马尾左侧取出均匀的发片。

STEP 07

将发片向上以打卷的手法固定，将剩余的发尾向中心点固定，使造型饱满。

STEP 08

将马尾中剩余的头发分成上下两束均匀的发片。

STEP 09

将上面一束发片向上打卷，固定在造型的空缺处。

STEP 10

将下面一束发片向上叠加固定，留出发尾。

STEP 11

将发尾以打卷的手法固定在造型下方的空缺处。

STEP 12

后区上半部分的造型完成后，将下半部分的头发梳理干净。

STEP 13

将下半部分的头发以卷筒的手法斜向上方固定。

STEP 14

将剩余的发尾向右打卷后固定。

STEP 15

将前区的头发向右斜分，梳理干净后用鸭嘴夹固定。

STEP 16

将发尾以卷筒的手法固定在后区的造型右侧。

STEP 17

再将剩余的发尾固定在造型后方的空缺处。

STEP 18

将饰品点缀在造型空缺处，并佩戴珍珠耳饰。

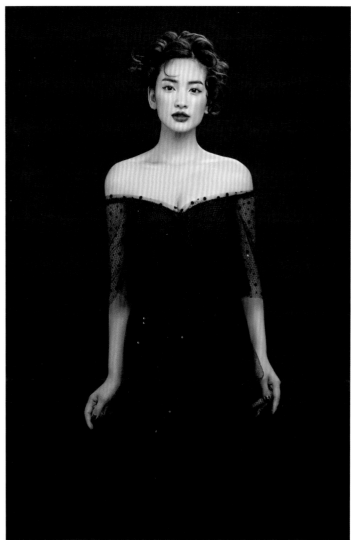

洛可可新娘妆容造型

洛可可风格充满了少女情怀。本组造型中，眼影和口红成了重头戏。大面积的柔和色彩被扫在模特的脸颊上，搭配复古的网纱饰品，立马展现出了洛可可风格的纤弱娇媚、华丽精巧、甜腻温柔。

● 产品介绍 ●

粉底液：RMK101

定妆粉：植村秀 colorless

遮瑕膏：KP 双色，好莱坞的秘密 2 号

眼影：日月晶采 1 号，MAC 金棕色，NARS ISOLDE

腮红：NARS TORRID，MAC MODERN MANDARIN

假睫毛：梦童老师自创品牌

睫毛定型液：娇韵诗

睫毛膏：恋爱魔镜

眉笔：植村秀 03、07

染眉膏：KISS ME 02

口红：MAC DIVA

● 妆容步骤 ●

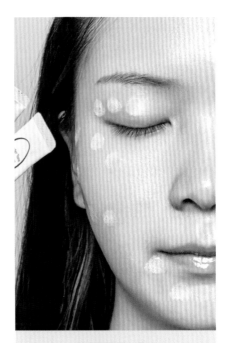

STEP 01

首先将 KP 双色遮瑕膏中的橙色与黄色相混合，模特皮肤偏黑，橙色使用偏多。

STEP 02

根据模特脖子的颜色来选择粉底液色号，用粉底刷蘸取粉底液，少量多次地进行平涂。

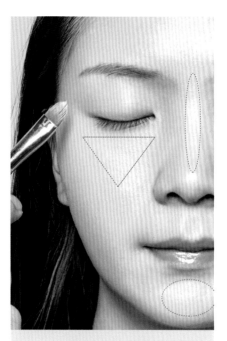

STEP 03

在好莱坞的秘密遮瑕膏中选择比粉底亮一号的色号，在眼睛下方、鼻梁处和下巴处进行提亮。

STEP 04

选择大地色系眼影，从睫毛根部由深至浅向上晕染。

STEP 05

用睫毛梳清理睫毛上的余粉之后，用睫毛夹轻轻夹翘睫毛，待睫毛卷翘之后，在睫毛根部涂上少量定型液。

STEP 06

将假睫毛剪成一簇簇的形式，从眼尾开始分簇沿着睫毛根部进行粘贴。

STEP 07

选取一款适合模特的眉笔，根据眉毛的生长方向进行描画，保证眉毛清爽自然。

STEP 08

选择橘色系腮红，在颧骨的最高处以打圈的手法晕染。

STEP 09

挑选一款适合整体妆面风格的口红，涂抹于唇部，让唇部更饱满。

STEP 01

先将刘海区的头发固定，再从刘海区后方取出一束头发备用。

STEP 02

选择一个大小合适的假发包，固定在顶区。

STEP 03

用留出的头发盖住假发包，并将其梳理光滑，固定在假发包的下方。

STEP 04

将刘海区的头发梳成斜刘海，用鸭嘴夹固定，修饰脸形。

STEP 05

将剩余的发尾以打卷的手法固定在发包的中心点，用鸭嘴夹固定。

—— TIPS ——

注意发包的位置要高一些。当发量较少时，可以直接借助假发包增添发量。

STEP 06

将后区的头发紧握于手中,并且梳理干净。

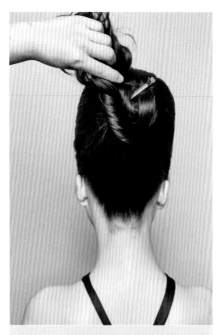

STEP 07

将后区的头发利用拧绳的手法往上缠绕。

—— TIPS ——

处理后区的头发之前,要抚平发际线周围的碎发。在扭转时要稍微紧一些,并向发包的位置靠拢。

STEP 08

将剩余的发尾固定在后区,与上方的头发相衔接。

STEP 09

佩戴金属发箍饰品,将发包压出立体的形状。

—— TIPS ——

此款造型选择金色金属饰品来突出主题风格。在做完整体造型后,可以将永生花堆积在造型两侧,增添造型的饱满度。

STEP 01

在刘海区佩戴假刘海发片，注意和两侧的头发相衔接。

STEP 02

从侧区到后区斜向分出适量的发片。

—— TIPS ——

为了让假刘海与真发贴合在一起，可以将假刘海的两侧向后整理，与侧区的头发结合在一起，以便于后续处理。

STEP 03

从耳后开始进行三股编发，发辫要干净。

STEP 04

将编好的发辫横向固定在后区。将左侧的头发以同样的手法固定。

—— TIPS ——

选择编发的手法是为了让真假发更好地贴合在一起。因为编发后不需要抽蓬松，所以手法可以稍微紧一些。

STEP 05

将后区的头发分成两半。

STEP 06

将左边的头发向右拧包并固定。

—— TIPS ——

当后区剩余的头发比较多时，可以在此基础上多分一些发束，然后将其依次交叉固定。注意后区的造型不要太宽。

STEP 07

将右边的头发往左交错固定，将剩余的发尾填补在造型的下方。

STEP 08

佩戴饰品，遮挡真假发的连接处。

—— TIPS ——

选择环形的发箍饰品不仅能遮挡真假发连接的痕迹，还能增添造型的饱满感，同时也能起到修饰脸形的作用。

STEP 01

将头发分成前区、后区和顶区，选取顶区的头发，进行两股拧绳。

STEP 02

将拧好的头发向上推并固定，将头发收紧。

STEP 03

将剩余的发尾向上连接固定，使其形成发髻。将后区的头发分成两部分。

STEP 04

将后区的头发拧绳，固定在刚做好的发髻处。

STEP 05

将前区的头发向右梳理干净，与后区的造型相连接。

STEP 06

佩戴网纱饰品。

12

韩式简约新娘妆容造型

皇冠是高贵的体现，搭配自然通透的妆容，二者结合，相得益彰。如果选择头纱作为饰品，可以在简洁的造型上营造出蓬松感，让整体造型更具有轻盈感。韩式新娘造型已经成为越来越多的新娘的首选。简约中隐约着甜美，甜美又不失高贵的气息。

● 产品介绍 ●

粉底液：RMK101

遮瑕膏：KP 双色，好莱坞的秘密 2 号

眼影：日月晶采 1 号，MAC 金棕色

腮红：资生堂 PK200

眼线膏：MAC

假睫毛：梦童老师自创品牌

眉笔：植村秀 07

染眉膏：KISS ME 02

口红：MAC CAND YUM-YUM

● 妆容步骤 ●

STEP 01

模特本身皮肤偏干，注意在打底妆前一定要做好清洁和保湿，建议做 2~3 次。

STEP 02

用 KP 双色遮瑕膏在黑眼圈处以及嘴唇周围统一肤色，遮盖瑕疵。

STEP 03

选择与模特本身肤色相近的粉底色号，进行打底。

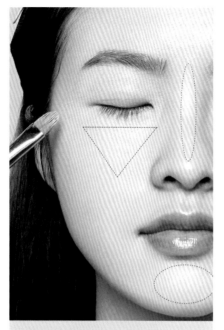

STEP 04

在好莱坞的秘密遮瑕膏中选择比粉底亮一号的色号，在眼睛下方、鼻梁处和下巴处进行提亮。

STEP 05

蘸取金棕色的眼影，从睫毛根部慢慢向上晕染。下眼睑从眼尾到内眼角晕染三分之二的位置。

STEP 06

剪一条细细的肉色美目贴，粘贴在内双眼皮褶皱处。

STEP 07

将睫毛上的眼影粉梳理干净，完全夹翘睫毛。

STEP 08

选择眼尾长、内眼角短的假睫毛，进行分段粘贴。

STEP 09

选择与发色相近的眉笔填充眉毛，然后用浅色染眉膏进行梳理，使眉毛自然。

STEP 10

让模特微笑，在面部隆起的位置以斜向打圈的手法晕染腮红。

STEP 11

先用打底色遮盖唇部，再用表现色从唇裂处慢慢向外过渡晕染。

STEP 01

用 25 号电卷棒将头发烫卷并用气垫梳梳顺。

STEP 02

将前区的头发向右梳理顺滑，用鸭嘴夹固定。

STEP 03

将顶区的头发进行倒梳，让后区更饱满。

STEP 04

将所有的头发收干净，扎成低马尾。

STEP 05

从马尾中抽取一缕头发，缠绕在皮圈上。将马尾中的头发用尖尾梳梳出纹理。

TIPS

注意马尾不要扎得太高。用大号电卷棒烫发后，先用气垫梳梳理蓬松，然后用尖尾梳梳出形状。

STEP 06

在梳出纹理的地方用鸭嘴夹固定。

STEP 07

将发尾向内梳出纹理，用鸭嘴夹固定。

STEP 08

将鬓角处的头发用 25 号电卷棒向外烫卷。

STEP 09

取出固定用的鸭嘴夹。

STEP 10

佩戴有头纱的皇冠饰品。

—— TIPS ——

为了增添乖巧感，可以在太阳穴两侧进行烫发，但注意不要太卷。后区的头发一定要光滑干净，最后再佩戴简约的头纱皇冠饰品，让韩式氛围更加浓郁。

STEP 01

将头发烫卷后全部放置在右侧。

STEP 02

用气垫梳将头发反复梳出纹理，在左侧鬓角处留出一缕头发。

—— TIPS ——

将所有头发都拿到一侧后，一定要用气垫梳不断梳理，直到梳理出形状后再去整理。注意脸颊旁边的头发一定要干净。

STEP 03

将梳理好的头发用鸭嘴夹固定，喷少量发胶定型。

STEP 04

佩戴简约的镶钻皇冠，并取下鸭嘴夹。

—— TIPS ——

当找出头发的纹理后，可以用大号鸭嘴夹固定，但是注意不要喷太多的发胶，以免留下太深的痕迹。应该让整体造型呈现出 S 形，最后佩戴简约的皇冠饰品。

STEP 01

将头发分成右侧区和后区，并将后区的头发扎成高马尾。

STEP 02

用直板夹将右侧区的头发向内扣，再从内扣处向外烫出纹理，依次烫完整个侧区的头发。

STEP 03

将烫好的头发固定在马尾根部。

STEP 04

将马尾中的头发进行拧绳。

STEP 05

将拧绳的头发缠绕在马尾根部并固定。

STEP 06

佩戴有头纱的饰品，并进行抓纱。

13

日系萝莉新娘妆容造型

日系妆容底妆轻薄透亮，裸唇清新自然，以甜美为主，能体现小女生的乖巧和可爱。日系妆容能够很好地体现出蜜桃般的肤质，打造出少女感，因此受到了很多女孩子的喜爱与追捧。本组造型选择了跳跃的鲜花作为饰品，结合日系烫发，增加了活力与生机。

● 产品介绍 ●

粉底液：RMK101

提亮液：MAC

定妆粉：植村秀 colorless

遮瑕膏：KP 双色，好莱坞的秘密 2 号

眼影：日月晶采 1 号，MAC 九宫格紫色，KIKO 218、219，MAC NEWS FLASH

腮红：NARS ORGASM

眼线膏：MAC

假睫毛：梦童老师自创品牌

睫毛定型液：娇韵诗

睫毛膏：恋爱魔镜，悦诗风吟

眉笔：植村秀 05

口红：DIOR 01，阿玛尼 500

● 妆容步骤 ●

STEP 01

在化妆前先观察模特本身的皮肤，在局部偏干的区域多次补水，让后续底妆更滋润。

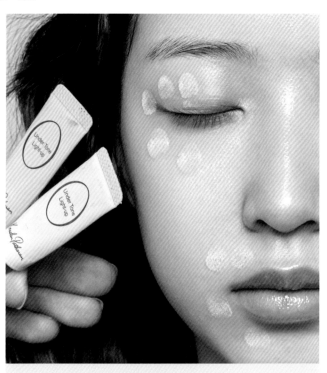

STEP 02

模特肤色不统一，黑眼圈较重，选择橘色多一点的 KP 双色遮瑕膏遮瑕。

STEP 03

选择与模特肤色接近的粉底色号，进行打底。

STEP 04

在好莱坞的秘密遮瑕膏中选择比粉底亮一号的色号，在眼睛下方、鼻梁处和下巴处进行提亮。

STEP 05

选择表现色眼影，在上眼睑运用渐层的手法晕染，在下眼睑从外眼尾至内眼角三分之二的位置晕染过渡。

STEP 06

用黑色眼线膏在睫毛根部填充内眼线，让眼睛更有神。

STEP 07

用睫毛梳扫除睫毛上的余粉，完全夹翘睫毛，并少量涂抹定型液。

STEP 08

选择单簇假睫毛，沿着睫毛根部进行粘贴，选择倒 V 形的下假睫毛，粘贴在下睫毛的下方。

STEP 09

涂少量睫毛膏，让真假睫毛合二为一，增添眼部神采。

STEP 10

用眉笔按照眉毛生长的方向在眉毛的空缺处填补。

STEP 11

选择液体腮红，用指腹晕染在靠近下眼睑的位置。

STEP 12

先用口红在唇部打底，再选择唇蜜打造油亮的质感。

STEP 01

将头发分成均匀的发片，用蛋蛋卷进行烫发。

STEP 02

从顶区选取头发。

—— TIPS ——

如果头发偏硬，在烫发时需要停留的时间要长一些，发尾可以留出不烫。在选取顶区的头发时，发量尽可能不要太少，位置不可太高。

STEP 03

用皮圈固定顶区的头发，在皮圈上方的头发中间分开一个空隙，再将发尾从上方穿过空隙，从下方掏出来，并抽出纹理。注意连接头发间的空隙。

STEP 04

从右侧取出适量的发片，直接拧绳。

—— TIPS ——

拧绳时要注意发片的选取，选择发片时要斜向分区，并且要保持每片头发的松紧度都是一致的。

STEP 05

将右侧的头发拧绳后固定在马尾
处，使其遮挡皮圈。

STEP 06

依次从右侧向下选取发片，进行
拧绳。

─── TIPS ───

在选取发片的时候，可
以在发际线处留出少量
的头发，比如刘海区、
额角、耳朵后方。

STEP 07

用拧绳之后的发束包住剩余的头发
并固定。左侧以同样的手法操作。

STEP 08

佩戴花朵，将其组成花环状。整
理头发，调整发丝。

─── TIPS ───

选择颜色鲜明的花朵作
为饰品，既能填补造型
的空缺，也能修饰脸形。
最后调整刘海区的头发
的弧度，营造轻盈感。

STEP 01

从右侧区斜向取出发片，进行两股拧绳，拧至后区固定，在额角处留出少量头发。

STEP 02

将右侧区剩余的头发进行两股拧绳。

STEP 03

将左侧的头发采用同样的手法操作，依次固定在后区。

STEP 04

将后区剩余的头发用皮圈松散地在中间位置固定。

STEP 05

将马尾向上从皮圈上方的头发中间掏出，将上方的头发抽出纹理，注意中间不要有空隙。

STEP 06

在额角处佩戴小黄花，填补两侧区的空缺，再抽出发丝，增添发型的饱满感。

STEP 01

将前区的头发三七分（左三右七），将右侧的头发运用三加一的手法编发。

STEP 02

将编好的头发向上拧转并固定在后区。

STEP 03

将后区的头发分为左右两部分，分别编成三股辫，将右侧的发辫向上固定在耳后。

STEP 04

将左侧的发辫向右对折固定。造型的重点在右侧。

STEP 05

在前区右侧及右侧区不规则地佩戴乒乓菊。按照编发的纹理抽出发丝，喷少量发胶定型。

—— TIPS ——

在编侧区的头发时，注意选的发片不要太多，要将发片向前方编，否则会影响最终效果。如果发际线不太美观，前区的发辫不要扭转得太高，可以适当向下遮盖发际线。抽发丝时不需要抽得太多，为了使造型清爽利落，只需要在前区的编发纹理上抽出少量发丝即可。

14

中式婉约新娘妆容造型

中式妆容造型能够体现东方女性的美，也是现在众多新娘的首选。中式造型可以选择具有代表性的手推波纹和温婉的低发髻，也可以选择编发发髻，以彰显女性的端庄典雅气质。结合简单大方的妆容，搭配经典的中式发簪，会让中式韵味更加浓郁。

● 产品介绍 ●

粉底液：RMK101

定妆粉：植村秀 colorless

遮瑕膏：KP 双色，好莱坞的秘密 2 号

眼影：日月晶采 1 号

眼线膏：MAC

假睫毛：梦童老师自创品牌

睫毛定型液：娇韵诗

睫毛膏：悦诗风吟，恋爱魔镜

睫毛胶水：ARDELL 黑胶

眉笔：植村秀 05

口红：MAC RUBY WOO

● 妆容步骤 ●

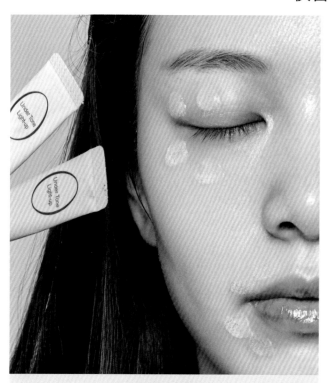

STEP 01

用遮瑕产品遮盖黑眼圈及肤色不统一的地方。

STEP 02

选择接近肤色的粉底色号，进行打底。

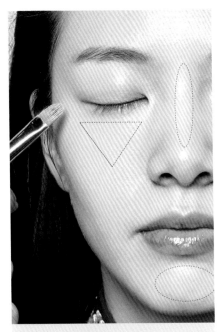

STEP 03

在好莱坞的秘密遮瑕膏中选择比粉底亮一号的色号，在眼睛下方、鼻梁处和下巴处进行提亮。

STEP 04

用裸色眼影打底后，用眼线膏在睫毛根部从内眼角至外眼尾勾勒出一条眼线。

STEP 05

反复多次夹翘睫毛。

STEP 06

选择偏长的单簇假睫毛，粘贴在睫毛根部，下睫毛用单根假睫毛填补。

STEP 07

选择和头发颜色接近的眉笔色号，描画眉毛。

STEP 08

省略腮红，选择大红色口红，描画出饱满的唇形。

STEP 01

将头发分成前后两区，将前区的头发三七分（左三右七），将右侧的头发用鸭嘴夹固定。用手和尖尾梳配合推出第一个波纹，再用大拇指按压住。

STEP 02

用鸭嘴夹固定大拇指按压的地方，再将剩余的发尾用手和尖尾梳向斜上方推送，将发胶喷在鸭嘴夹处定型。

STEP 03

将剩余的发尾用同样的手法向前推出第二个波纹，注意波纹一定要干净。

STEP 04

将右侧剩余的发尾留出备用，将后区所有的头发梳干净后扎成低马尾。

STEP 05

将右侧剩余的头发向上扭转，不可太紧。

STEP 06

将扭转的头发固定后，将剩余的发尾在耳后依次打卷，打卷前需要将发片用发蜡棒抚平。

STEP 07

刚剩余的发尾交错打卷后固定。

STEP 08

从马尾中竖向取出适量发片。

STEP 09

向上做卷筒，与右侧的头发连接在一起。

STEP 10

将剩余的发尾一上一下交错固定。

STEP 11

从马尾中间竖向取出发片，向上固定，留出发尾，将发尾按照卷筒手法上下交错固定，喷发胶定型。

STEP 12

将马尾中剩余的发片以同样的手法操作。造型完成。

STEP 01

留出刘海区的头发，再将剩余的头发从耳尖处分成上下两半，用皮圈固定上半部分的头发。

STEP 02

将固定好的头发梳理干净后扎成马尾，放置在前方。

STEP 03

将马尾梳理出一个小的发包，用皮圈固定。

STEP 04

将剩余的发尾编成干净的三股辫。

STEP 05

将编好的发辫顺时针缠绕发包并固定。

STEP 06

将下半部分的头发梳理干净后扎成马尾。

STEP 07

将头发向上固定在发包处，留出发尾。

STEP 08

将发尾向右交错固定，将剩余的发尾再向左固定在发包下方。

STEP 09

将刘海区的头发中分，并梳理干净。

STEP 10

将刘海区右侧的头发向后梳理，在靠近发包的位置向内翻转并固定。

STEP 11

将剩余的发尾利用其自身的卷度放置在发包的空缺处。

STEP 12

将刘海区左侧的头发以同样的手法处理，将剩余的发尾用发卡固定，并喷发胶定型。

STEP 01

将头发分成刘海区及后区，将后区的头发斜向分成均匀的两部分，并分别扎成马尾。

STEP 02

将刘海区的头发梳理干净，进行中分，分别用鸭嘴夹固定。

TIPS

注意如果侧区的头发发量较多，可以只选择刘海区的头发，否则会影响最后的波纹的定型效果。

STEP 03

将刘海区左侧的头发借助手和尖尾梳向前推送出第一个波纹，并用鸭嘴夹固定，在鸭嘴夹处喷发胶定型。

STEP 04

再用同样的手法向前推送出第二个波纹，用鸭嘴夹固定。第二个波纹不可大于第一个波纹。

TIPS

做反向手推波纹和正常手推波纹采用的是一样的手法，一定要借助手和尖尾梳的推送，并且要让波纹呈现出高低起伏的 S 形。

STEP 05

将最后剩余的发尾以同样的手法向前推出第三个波纹，可稍微小一些。将发尾向后拉。

STEP 06

将刘海区左侧的头发采用同样的手法推出 S 形波纹，注意两边波纹的对称度。将波纹全部做好后，少量多次喷发胶定型。

STEP 07

将后区扎好的马尾分别编成干净的三股辫。

STEP 08

将编好的发辫交叉向前缠绕在波纹与后区头发的交界处。